Iris Malzkorn

Horse Agility

Läufst du den Parcours noch oder reitest du ihn schon?

JE
www.JoyEdition.de

Impressum

Autorin
Iris Malzkorn · Fliederweg 10 · 82538 Geretsried
www.natuerlich-mit-tieren.de

Verlag
Joy Edition · Buchverlag, E-Books and more…
D-71296 Heimsheim, www.joyedition.de

Druck
Printsystem GmbH, D-71296 Heimsheim
www.printsystem.de

Buchgestaltung
Grafik- und Designstudio der Printsystem GmbH

1. Auflage, Februar 2018

Der Umwelt zuliebe gedruckt auf umweltfreundlichem, chlor- und säurefrei gebleichtem Papier.

ISBN 978-3-945833-80-3

Iris Malzkorn

Horse Agility

Läufst du den Parcours noch oder reitest du ihn schon?

Inhalt

Vorwort

Horse Agility verbreitet sich immer mehr in Europa. Ich durfte es kennenlernen und habe 2016 die Trainer-Ausbildung erfolgreich abgeschlossen. Der Name „Freestyle Horse Agility“ war für mich unglücklich gewählt und brachte mich auf die Idee, die ich in diesem Buch beschreibe. Für mich ist alles vom Boden als Freiarbeit bzw. Liberty zu bezeichnen. Freestyle wiederum bedeutet für mich, dass ich auf dem Pferd sitze. Genau aus diesem Grund möchte ich beschreiben, wie Freestyle Horse Agility geritten auszuführen ist.

Voraussetzung dafür ist, dass das Pferd ohne direkte Einwirkung geritten werden kann. Jegliche Hilfsmittel bedeuten hier eine potentielle Gefahr, da das Pferd damit am Hindernis hängenbleiben kann. Somit ist es sehr wichtig, dass sich das Pferd nur über die Schenkel und nötigenfalls mit Hilfe einer Gerte lenken lässt. Ohne eine Satteldecke würde ich mich nicht sehr lange auf den Pferderücken setzen, da die Knochenstruktur der eigenen Sitzbeinhöcker auf Dauer gesehen für das Pferd sehr unangenehm ist. Deshalb verwende ich als Unterlage hier ein Bareback Pad.

Es geht bei dieser Art der Beschäftigung nicht um Leistungen, die erbracht werden sollen, sondern um Spaß. Solange der Spaßfaktor an erster Stelle steht und der Leistungsdruck unwichtig ist, macht es einfach Freude, Pferde durch den Agility Parcours zu reiten.

Die Hindernisse

Wer schon einmal einen Schnupperkurs oder einen 2-Tages-Kurs mitgemacht hat, kennt zumindest schon die Hindernisse. Für alle diejenigen, die noch keine Gelegenheit dazu hatten, möchte ich vorab eine kleine Materialkunde liefern.

Das Wichtigste für alle Hindernisse ist, dass keine Ecken oder Kanten zu Verletzungen führen können. Somit sollte stets darauf geachtet werden, dass z.B. keine Stangenauflagen mehr bei Hindernisständern angebracht sind, dass die Hindernisse zwar umfallen, dabei jedoch nicht durch scharfe Kanten verletzen können.

Slalom

Als Slalom eignet sich so ziemlich alles. Es spielt keine Rolle, ob man hierzu Hütchen, Pylonen oder einfach nur Kissen als Sichthilfe verwendet. Diese Hindernisse sind im wahrsten Sinne des Wortes für den Menschen eine Sichthilfe. Wer in seinem Training fortgeschritten ist, kann diese auch weglassen. Es sollten mindestens 4 Sichthilfen aufgestellt werden, um einen sinnvollen Ablauf zu gewährleisten. Es ist darauf zu achten, dass keine spitzen oder stumpfen Enden auf Höhe der Pferde- und/oder Menschenaugen herausragen. Das könnte dann der Fall sein, wenn man Slalomstangen aus dem Fußball- oder Dog-Agility-Training verwendet.

Stangengasse

Hierzu eigenen sich einfache Stangen, die parallel auf den Boden gelegt, eine Gasse bilden. Es sollte darauf geachtet werden, dass die Stangen nicht an einem Ende angespitzt sind. Für Pferde, die eher noch unsicher sind, können Schaumstoffstangen verwendet werden. Auch sind eckige den runden in diesem Fall vorzuziehen, da sie ein Wegrollen verhindern, sollte das Pferd auf die Stange treten.

Variante Stangengasse

Die Stangengasse lässt sich über einer Plane realisieren. Je nach Farbe der Plane könnte hiermit ein Wassergraben simuliert werden. Auch ein Teppich oder eine Stoffbahn wären denkbar. Der Fantasie sind keine Grenzen gesetzt.

Gasse mit seitlicher Begrenzung

Hierfür eignen sich hervorragend Materialien aus dem Baumarkt. Benötigt werden 8 Stangen Fallrohr (DN 50– 1000 mm) mit insgesamt 4 Verbindungsecken (DN 50 – 87°). Die Füße, in diesem Fall werden 4 benötigt, habe ich mir bauen lassen, sie haben die Maße 33 x 33 cm sowie einen 15 cm hohen Griff mit einem Durchmesser von 3 x 3 cm.

Als Begrenzung dient ein Balkonsichtschutz, wie er in Stoffläden oder Baumärkten zu finden ist. Den gibt es vielfach schon fertig zu kaufen. Es ist alles mehr oder weniger eine Frage des Preises und der eigenen Geschicklichkeit.

Diese Gasse lässt sich auch um die Ecke realisieren. Dazu benötigt man etwas mehr Material. In diesem Fall: 14 Stangen Fallrohr (DN 50 – 1000 mm) mit insgesamt 8 Verbindungsecken (DN 50 – 87°) und 4 T-Stücken (DN 50/50 – 87°). Sollen beide Seiten gleich lang sein, benötigt man noch 2 zusätzliche Fallrohre. Die Stoffbahn ist entsprechend 3,5 m x 0,8 m für die gleich lange Variante und 5,5 m x 0,8 m für die unterschiedlich lange Variante zu rechnen. Von den Füßen werden hier 8 benötigt, egal welche Variante gewählt wird.

Halbreifen

Hier sind ebenfalls die Füße zum Einsatz gekommen, zusätzlich noch zwei ausziehbare Stangen und ein Drainagerohr von 100 mm Durchmesser. Das Drainagerohr hat eine Länge zwischen 2 und 3 m je nach Größe der teilnehmenden Pferde. Die ausziehbaren Stangen haben insgesamt eine Länge von 2 Metern und können je nach Pferdegröße zusammengeschoben oder auseinandergezogen werden.

Sprung

Als Sprung eignet sich so einiges. Um dem Horse Agility gerecht zu werden, sind die Sprünge jedoch etwas anders gestaltet als normale Sprünge. Der einfache Sprung zum Beispiel gilt als sogenannter Kindersprung. Nicht nur, dass dieser Sprung niedriger als manch anderer ist, die Stangen sind auch nur 1,5 m lang, im Gegensatz zu normalen 3 m langen Sprungstangen. Es gibt diese Art Sprung so schon fertig zu kaufen, so dass ich hier auf eine Bauanleitung verzichte. Es ist darauf zu achten, dass diese Sprünge keine Gefahr für die Teilnehmer bereithalten. Wenn sie aus einfachen Materialien wie z. B. Brettern mit Besen oben drauf hergestellt werden, dann sollte man tunlichst darauf achten, dass sich die Teilnehmer nicht verletzen können, wenn sie am Hindernis hängenbleiben.

Steg

Der Steg ist ein relativ schmales Brett. Es sollte stabil sein, damit auch schwere Pferde problemlos darüber laufen und dabei nicht auf dem Steg kippeln können. Gebaut wird es aus einfachen Materialien aus dem Holzhandel. Der hier gezeigte Steg ist 0,5 m breit und die einzelnen Teilstücke 1,5 m lang. Als Anti-Rutsch-Auflage dient ein Kunstrasen. Selbst im nassen Zustand ist die Rutschgefahr gering. Den Halt bekommt der Steg unterhalb durch Querstreben, jeweils am Anfang, am Ende und in der Mitte. Dies gibt dem Steg Stabilität, da so – im Gegensatz zu einem völlig flachen Aufliegen – auch ein unebener Untergrund ausgeglichen werden kann.

Es lassen sich Hindernisse kombinieren. Der Steg zum Beispiel kann mit dem Halbreifen kombiniert werden, so dass der Halbreifen über dem Steg aufgebaut wird.

Wippe

Für die Wippe eignen sich am besten Baubohlen, die wie auch beim Steg durch Querstreben unterhalb miteinander verbunden werden. Hier sollten mindestens 3 Baubohlen zum Einsatz kommen. In der Mitte der Wippe werden zwei Querstreben so angebracht, dass das verwendete Rundholz etwas Spiel hat. Dadurch wird verhindert, dass die Wippe Spiel hat und ein Wippen möglich ist.

Tunnel

Als Tunnel eignen sich wiederum Materialien aus dem Baumarkt. Es werden 6 x 2 m HT-Rohre (DN/OD 110 2,00 m), 2 x 1 mm HT-Rohre (DN/OD 110 1,00 m) und 4 Eckstücke (KGEA 110/110/87°) benötigt. Das ergibt ein 2 m hohes Gestell, welches 1 m breit und 2 m lang ist. Als Vorhang eignet sich ein ‚Pannesamt Deluxe', wie er in einigen Stoffläden zu beziehen ist, am besten, da er blickdicht ist.

Cube

Der Cube besteht ähnlich wie der Tunnel aus HT-Rohren. Ich habe bei meiner Variante die etwas dünneren Rohre genommen und auch die Beine sind aus zwei Ein-Meter-Rohren zusammengesetzt, so dass man sie leichter transportieren kann. Somit wird folgendes benötigt: 12 x HTEM-Rohr 75 1000 mm, 4 x HTB-Bogen 75-87 und 4 x HTEA-Abzw 75/75. Auch der Cube ist 2 m hoch, allerdings nur 1 m lang und 1 m breit.

Was dann an die Seiten gehängt wird, bleibt der eigenen Fantasie überlassen. Möglich sind z. B. Schwimmnudeln oder auch Bälle, wie es sie in Bällebädern für Kinder gibt. Aufgehängt mittels einer Schnur lassen sie sich zum einen leicht befestigen und zum anderen auch verschieben.

Reifensprung

Für den Reifensprung werden zwei Hindernisständer benötigt – bitte ohne Hindernisauflagen! Des Weiteren zwei Drainagerohre, eins von ca. 4 m Länge und eins von ca. 2 m Länge. Befestigt wird das längere Drainagerohr mit Kabelbindern an den Sprungständern. An die Kabelbinder kann dann das kürzere Drainagerohr eingehängt werden.

Nudelgasse stehend/liegend

Mit Schwimmnudeln lassen sich ebenfalls wunderbare Hindernisse bauen. Für die liegende Nudelgasse kommt ein Kantholz von ca. 1,5 m Länge zum Einsatz. In dieses werden Löcher vom Durchmesser der Schwimmnudeln gebohrt.

Für die stehende Nudelgasse eignen sich am besten wieder HT-Rohre. Hier werden ebenfalls Löcher vom Durchmesser der Schwimmnudeln gefräst. Um diese aufstellen zu können, wird ein Muffenstopfen, passend zum HT-Rohr auf ein Brett geschraubt. Dies bietet zum einen die Möglichkeit des leichten Transports und zum anderen kann es umfallen ohne Schaden anzurichten.

Die aufgeführten Hindernisse gelten als Beispiele. Der eigenen Fantasie sind keine Grenzen gesetzt. Es sollte nur immer die Sicherheit des Mensch-Pferde-Paares im Vordergrund stehen. In verschiedenen Möbelgeschäften lässt sich immer mal wieder etwas finden, was sich hervorragend für diese Art der Beschäftigung mit dem Pferd verwenden lässt. Hier als Beispiele: Runde Sitzkissen oder eine Kinderturnmatte.

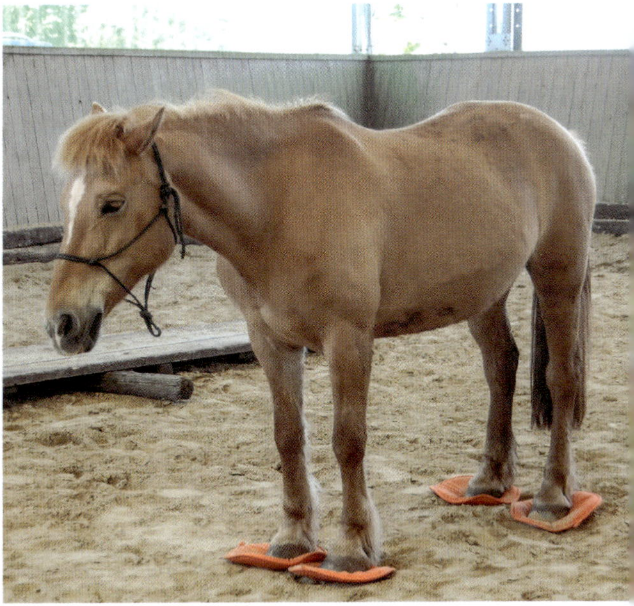

Geht das überhaupt im Freestyle statt im Liberty?

Alle, die schon einmal auf ihrem Pferd geritten sind und dabei die eigenen Bewegungsabläufe studiert haben, wissen, dass man ein Pferd nur durch die eigene Körperhaltung dirigieren kann. Wer hat nicht schon Springreiter gesehen, die dem Pferd die Trense abgenommen haben und dann den Parcours ohne Trense gesprungen sind? Auch in der Dressur gibt es immer mehr Reiter, die uns demonstrieren, dass selbst hohe Lektionen ohne Trense geritten werden können. Warum sollte dann Horse Agility nicht auch ohne Trense gehen? Sobald man sich auf den eigenen Körper konzentriert und die kleinsten Bewegungen wahrnimmt, kann man auch ein Pferd reiten, ohne an Zügeln einzuwirken. Es fördert die Partnerschaft und das Vertrauen zwischen Mensch und Pferd, sobald man die Zügel an den Nagel hängt. Eine wirkliche Kontrolle hat man über zwei Zügel nicht, wenn überhaupt, nur über einen. Denn ein Zügel bedeutet Kontrolle und zwei Zügel bedeuten Kommunikation. Läuft das Pferd frei neben einem her, kann man nur bedingt einwirken, sollte es davonlaufen wollen. Vom Boden aus kann man bereits eine Einheit mit dem Pferd bilden. Die Bewegungen von Mensch und Pferd können schon synchron ablaufen. Reitet man das Pferd, kann man diese Einheit vom Boden auch auf den Pferderücken übertragen. Man merkt, wenn sich das Pferd unwohl fühlt oder angespannt ist und kann dann schon einwirken. Üben lässt sich das Ganze am Anfang vor allem in einem eingezäunten Bereich. Der Zaun sorgt für eine natürliche Begrenzung.

Das Gefühl, das sich einstellt, wenn man sein Pferd auf diese Weise reitet, lässt sich kaum mit Worten beschreiben. Es fühlt sich so an, als ob man nur etwas denken muss und schon passiert es auch. Probieren Sie es aus. Fangen Sie langsam an. Erst mit Zügeln, die auf dem Hals liegen. Vielleicht besitzen Sie auch einen Halsring. Er wäre dann im zweiten Schritt wunderbar geeignet. Aus dem Natural Horsemanship kennt man das Reiten mit nur einem Zügel. All diese Möglichkeiten sind die Voraussetzungen dafür, wirklich zügelunabhängig zu reiten und Spaß mit dem Pferd zu haben.

Gerade Pferde, die am Zügel eher langsam gehen, entwickeln ohne diese meist ein normales Tempo. Sie haben plötzlich wieder Freude an der Bewegung und reißen nicht gleich den Kopf hoch, sondern laufen mit langem, tiefem Hals ziemlich entspannt vorwärts.

Eignet sich jedes Pferd?

Natürlich sind hierfür nur Pferde geeignet, die sich unter dem Reiter sicher fühlen und keine gesundheitlichen Einschränkungen in Bezug auf das Reiten haben. Zu welchem Zeitpunkt Sie damit anfangen, ist Ihnen überlassen. Ist die Grundausbildung des Pferdes über Natural Horsemanship erfolgt, dann kennt es bereits das Reiten mit nur einem Zügel, und diesen dann auch noch wegzulassen, ist nur ein kleiner Schritt.

Sind Reiter und Pferd gesund, kann der Spaß beginnen. Ansonsten gibt es genügend Hindernisse, die auch von älteren Pferden gemeistert werden können. Vielleicht kann das Pferd nicht mehr springen, dann lassen Sie diese Hindernisse weg. Es kennt noch keine Plane? Dann ist es doch eine wunderbare Sache, dem Senior etwas Abwechslung zu bieten.

Sollte Springen schon immer die Leidenschaft des Pferdes gewesen sein, nur dass die Turniersprünge mittlerweile zu hoch sind, dann nehmen Sie die Sprünge aus dem Horse Agility und Sie werden sehen, dass auch weniger für ältere Pferde nicht gleichbedeutend mit Langeweile, sondern mit Abwechslung ist.

Den Spaß bitte nicht vergessen!

Das Wichtigste ist immer der Spaß an der Sache. Wenn Ihnen oder Ihrem Pferd ein Hindernis nicht gefällt, dann lassen Sie dieses aus und versuchen Sie es zu einem späteren Zeitpunkt erneut. Oder Sie haben aus dem Hunde Agility etwas gesehen, das Sie auch mit Ihrem Pferd ausprobieren möchten. Dann lassen Sie Ihrer Fantasie freien Lauf. Probieren

Sie aus. Gehen Sie in Baumärkte und Möbelgeschäfte und schauen Sie nach Dingen, die sich als Hindernis eignen.

In diesem Buch sind nur die Standard-Hindernisse aufgeführt, um einen ersten Überblick zu liefern. Sie sind als reine Anregung gedacht und können beliebig erweitert werden. Gehen Sie raus zu Ihrem Pferd und fangen Sie einfach an. Und wenn Sie kein passendes Material haben, dann suchen Sie sich etwas. Um ein kleines Beispiel zu nennen: Sie haben keine Pylonen zur Verfügung? Das macht nichts, Sie können stattdessen alles Mögliche andere verwenden, wie z. B. Handtücher, Eimer, Bälle etc. Sie könnten auch Kreise auf den Boden malen und dies als Ersatz nehmen. Es spielt auch keine Rolle, ob alle Punkte gleich aussehen, solange sie diese erkennen können.

Wie ziehen wir uns an?

Für Sie als Reiter gilt eine angemessene Kleidung einschließlich vernünftiger Schuhe. Außerdem sollte das Pferd zumindest eine Decke auf dem Rücken haben. Ein Bareback Pad ist am sinnvollsten: nur bitte die Variante ohne Steigbügel. Als Sichthilfe eignet sich eine einfache Gerte. Sie dient nur dazu, dem Pferd eine seitliche Begrenzung zu bieten, sollte es zur Seite hin ausweichen.

Zu guter Letzt noch ein Satz zum Platz!

Bevor Sie mit dem Training beginnen, schauen Sie sich alle Hindernisse genau an. Gibt es irgendwo Splitter an den Teilen aus Holz oder ragt etwas hervor, dann entfernen Sie es bitte. Sind die Materialien trittsicher und rutschfest? Gerade wenn Sie alles draußen lagern, kann die Witterung schnell dazu führen, dass z. B. der Steg rutschig wird. Lassen Sie ihn in diesem Fall weg. Die Sicherheit von Mensch und Pferd geht vor. Vielleicht ist es an Ihrem Trainingstag sehr windig, dann üben Sie nur mit den Hindernissen, die nicht durch den Wind umgeweht werden oder Geräusche erzeugen, die das Pferd verunsichern. Schauen Sie sich auch den Boden an, auf dem Sie die Hindernisse platzieren. Ist er sehr uneben mit vielen Löchern oder sind auf dem Außenplatz überall Pfützen? Dann ist es vielleicht besser, erst nochmal alles vom Boden mit dem Pferd zu erarbeiten, bevor Sie sich auf den Pferderücken begeben.

Bauen Sie die Hindernisse so auf, dass Sie alle nacheinander benutzen können. Da Sie auf dem Pferderücken sitzen, brauchen Sie einen Parcoursaufbau, der auch dem Können des Pferdes angepasst ist und genügend Abstand zwischen den einzelnen Hindernissen bietet. Die „Angstecken“ lassen Sie einfach aus, das ist am einfachsten und sichersten.

Das Training

Voraussetzung für das gerittene Horse Agility ist, dass das Pferd über das geführte Horse Agility an die Hindernisse herangeführt wurde. Hierüber gibt es mittlerweile gute Literatur auf dem Markt, so dass in diesem Buch die Erklärung hierfür ausbleibt. (Hinweis: z. B. die Bücher von Corinna Ertl oder Nina Steigerwald.)

Das Pferd sollte daran gewöhnt sein, nur mit Hilfe von Schenkeln und eventuell einer Gerte gelenkt zu werden. Auch Stimmkommandos können eingesetzt werden. Von Hilfsmitteln wie Trensen, Halsringen oder auch nur Sätteln ist abzuraten, da Sie an den Hindernissen hängenbleiben können.

Somit ist auch reiterliches Können gefragt. Ein zügelunabhängiger Sitz ist die Grundvoraussetzung für diese Art des Horse Agility.

Bevor Sie jetzt voller Elan an die Arbeit gehen, bedenken Sie bitte, dass das Pferd vor jeder Trainingseinheit aufgewärmt werden sollte.

Die meisten Hindernisse sind mehr als Sichthilfe für uns Menschen gedacht, es geht aber auch komplett ohne.

Bei all dem Training mit dem Pferd sollte niemals vergessen werden, dass es Ruhepausen benötigt. Nicht nur für uns als Mensch ist die Erarbeitung von etwas neuem anstrengend. Unseren Pferden geht es dabei nicht anders. Es gehören für das Training somit nicht nur die Aufwärmphase dazu, sondern auch immer wieder Pausen. Es besteht keine Notwendigkeit, den kompletten Parcours an einem Tag zu bewältigen. Vielfach ist weniger wesentlich mehr. Auch werden Sie feststellen, dass das Pferd am nächsten Tag nicht unbedingt genauso gut bei den Hindernissen ist. Auch das Pferd kann Muskelkater bekommen. Dann war die Trainingseinheit vom Vortag eindeutig zu viel. Lassen Sie sich Zeit. Lieber ein Hindernis gründlich erarbeitet, als alle unter dem Motto „Hauptsache durch".

Manche Pferde brauchen die Wiederholung. Manche Pferde langweilen sich sehr schnell. Dementsprechend sollte das Training unterschiedlich aufgebaut werden. Ist eher der Aspekt des „Anti-Schrecktrainings" ausschlaggebend, dann spricht nichts dagegen, die Hindernisse von beiden Seiten anzugehen. Geht es eher um den Aspekt des Parcours-Durchgangs, dann sind die Hindernisse jeweils nur von einer Seite und in einer bestimmten Reihenfolge zu absolvieren.

Da die Pferdeaugen jeweils mit der gegenüberliegenden Hirnhälfte verknüpft sind (also das rechte Auge mit der linken Hirnhälfte und das linke Auge mit der rechten Hirnhälfte, wobei es keine Verknüpfung zwischen beiden Hirnhälften gibt), ist es nicht weiter verwunderlich, wenn ein Hindernis von der einen Seite angegangen überhaupt kein Problem darstellt, von der anderen als schier unmögliches Hindernis erscheint. Auch hier zahlt sich fleißiges Üben aus, ohne das Tier zu überfordern.

Wer kennt nicht die Stressecken in einer Halle, die Ecken, in denen es für die Pferde spukt? In diesen Ecken sollte kein Hindernis für den Freestyle-Parcours stehen. Da die direkte Einwirkung auf den Kopf des Pferdes fehlt, wären in solchen Ecken Unfälle vorprogrammiert. Selbstverständlich sollte auch kein Tier geritten in den Parcours bzw. an die Hindernisse geführt werden, welches körperlich nicht dazu in der Lage ist, überhaupt geritten zu werden.

Für alle Hindernisse gilt: Mindestens eine Pferdelänge vor dem Hindernis gerade aufstellen und mindestens eine Pferdelänge nach dem Hindernis geradeaus weiterreiten. Pferde, die direkt hinter dem Hindernis angehalten werden, neigen dazu, sich um zu drehen, um das Hindernis nicht direkt an der Hinterhand zu haben. Dies birgt die Gefahr, dass dabei das Hindernis berührt wird und umfällt.

Aller Anfang ist schwer

Wie auch schon beim Liberty Horse Agility ist und bleibt das Grundhindernis der Slalom. Vom Boden aus ist der Slalom die beste Übung, seine eigene Körpersprache kritisch zu hinterfragen. Läuft das Pferd nur durch Drehung der eigenen Hüfte durch den Slalom? Benötigt man noch sehr viel die Arme, um dem Pferd zu signalisieren, in welche Richtung es laufen soll? Kann man den Slalom schon im Trab vom Boden aus mit dem Pferd bewältigen? Geht es mit mir rückwärts durch den Slalom?

Sobald man die oben genannten Fragen mit „ja" beantworten kann, ist die Grundvoraussetzung geschaffen, dass die Hindernisse geritten bewältigt werden können. Der Slalom und die Stangengasse sind die einzigen Hindernisse, bei denen Zügel kein Problem darstellen, da man mit den Zügeln nicht hängenbleiben kann. Gleichzeitig bieten die Zügel hier die Möglichkeit, notfalls eingreifen zu können, sollte es mit dem „Lenken" ohne Zügel noch nicht so recht klappen.

Entscheidend ist hier die Drehung in der Hüfte, die dem Pferd vermittelt, in welche Richtung es laufen soll. Wenn die eigene Hüfte nach rechts gedreht ist, wird mein Pferd hoffentlich auch nach rechts laufen. Reicht die Drehung der Hüfte nicht aus, fehlt entweder außen der begrenzende Schenkel oder der Oberkörper ist nicht mitgedreht worden. Am einfachsten ist es, wenn man auch in die Richtung schaut, in die man reiten möchte. Dies setzt jedoch voraus, dass der Kopf dabei in der Mitte bleibt und sich nicht ohne den Oberkörper dreht. Anfangs können die imaginären Zügel zur Hilfe genommen werden. Man simuliert Zügel und hält die Hände so, als ob Zügel vorhanden wären. Das hilft ein Körpergefühl zu entwickeln und letztendlich auch ohne Zügel die richtige Körperdrehung durchzuführen.

Anja demonstriert mit Morina (Haflingerstute) hier wunderschön, wie die Drehung im Oberkörper inklusive des äußeren Armes (in diesem Fall der linke) von Anja auch die Drehung bei Morina bewirkt. Morina ist sehr aufmerksam und schaut, was Anja macht und folgt ihr. Auch ist Anja im Sichtfeld von Morina und läuft neben ihr her, so dass beide ein Team bilden können.

Der Abstand der Pylonen sollte anfangs mindestens 6 Meter betragen und kann dann, je nach Wunsch, auf 4 Meter reduziert werden. Dies hängt zum einen mit der Geschwindigkeit zusammen mit welcher der Slalom geritten wird und zum anderen mit der Biegsamkeit des Pferdes sowie der Schnelligkeit der Auffassungsgabe von Mensch und Pferd.

Am einfachsten ist der Slalom zu bewältigen, wenn die Bögen nicht sehr groß gewählt werden und es somit eher eine Gerade mit leichten Kurven ist – eher wie bei Schlangenlinien mit zwei Bögen. Von der Hüfte aufwärts wird die Drehung vorgegeben, so dass das Pferd dem Gefühl folgen kann.

Je mehr Pylonen am Anfang zum Einsatz kommen, desto sicherer wird der Bewegungsablauf, sowohl für den Reiter als auch für das Pferd. Wichtig ist das Timing. Natürlich kann man jedes Mal die Gerte als Sichthilfe auf Kopfhöhe zum Grenzen und somit zum Richtungswechsel einsetzen. Das bedeutet jedoch im Umkehrschluss, dass das Pferd und auch der Mensch nicht auf die Körpersprache reagieren, sondern nur auf die Sichthilfen. Spätestens wenn es bei den weiterführenden Hindernissen keine Verbindung zum Kopf des Pferdes gibt, lassen sich die Hindernisse nicht mehr bewältigen, oder man ist ständig damit beschäftigt, mit der Gerte rumzufuchteln, statt sich auf die Körperbewegung zu konzentrieren. Beim Steg zum Beispiel würde eine Gerte alleine nicht reichen, da bräuchte man schon zwei und möglichst noch etwas für die Hinterhand. Somit lässt es sich nicht umgehen, die Vorarbeit korrekt durchzuführen, bevor man sich an die weiteren Hindernisse wagt.

Stangengasse

Der nächste Schritt, nachdem der Slalom ohne Zuhilfenahme der Gerte, nur über die Körperdrehung bewältigt wurde, ist die Stangengasse. Hier zeigt es sich, ob man reiterlich so weit ist, dass man das Pferd geradeaus reiten kann. Zu bedenken ist immer, dass die Spur der Hinterbeine breiter als die der Vorderbeine ist. Es reicht zu Anfang völlig aus, wenn die Stangengasse eine Breite von 2 Metern hat. Erst im Laufe der Zeit und mit steigender Sicherheit kann die Stangengasse auf die Spurbreite der Hinterbeine des Pferdes reduziert werden.

Um in die Stangengasse einbiegen zu können, braucht man mindestens eine, besser noch zwei Pferdelängen, in denen man geradeaus auf die Stangengasse zu reitet. Das sollte von der Arbeit vom Boden noch bekannt sein. Auch dort hat man für sämtliche Hindernisse mindestens eine Pferdelänge vorab Aufstellung genommen. Ist das Pferd gerade gerichtet, ist auch die Stangengasse kein Problem mehr.

Bei diesem Bild lässt sich schön erkennen, dass Ronja gerade durch die Stangengasse läuft und auch die Gerte als Sichthilfe nicht benötigt.
Als weitere Variante lässt sich, wie oben schon beschrieben, die Stangengasse mit einer Plane ausrüsten. Hier gilt genau dasselbe wie für die einfache Stangengasse: Erst wird das Pferd am Boden sowohl an die Plane

als auch an die Stangen gewöhnt und erst, wenn es gerade über die Plane läuft, kann man es vom Pferderücken aus probieren.

Dass ich hier etwas schief bzw. zurückgelehnt auf dem Pferd sitze, liegt daran, dass ich Ronja hier zum Anhalten bewege, was sie im nächsten Schritt auch getan hat.

Läuft es im Schritt soweit ganz gut, kann man dieses Hindernis auch im Trab bewältigen. Auch Galopp wäre möglich, ist jedoch für wirklich Fortgeschrittene vorbehalten, da das Pferd dann komplett gerade gerichtet sein sollte.

Gasse mit seitlicher Begrenzung

Die einzelnen Hindernisse sind logisch aufeinander aufgebaut. Außerdem bieten sie die Möglichkeit, Pferde an neue Dinge heranzuführen oder auch auf andere Situationen vorzubereiten. Sowohl die Planengasse als auch die Gasse mit seitlicher Begrenzung können als Vorübung für das Verladen von Pferden betrachtet werden. Der Untergrund ist anders als es das Pferd gewohnt ist, und die seitliche Begrenzung ist schon ein erster Schritt für die Anhängerwände.

Bei den Hindernissen gelten die gleichen Spielregeln. Am Anfang gewöhnt man das Pferd vom Boden aus an das Hindernis und erst im zweiten Schritt dann vom Pferderücken aus. Der Abstand der Begrenzungen wird am Anfang grundsätzlich breit gewählt und erst im Laufe der Zeit auf Pferdebreite einschließlich der eigenen Beine reduziert.

Bei dieser Gasse gibt es einige Spielmöglichkeiten. Wie wäre es, sie rückwärts zu durchreiten? Oder mittendrin stehen zu bleiben, ein wenig vor- und zurückzureiten? Auch im Trab oder Galopp ist dieses Hindernis zu bewältigen.

Sollte sich das Pferd erschrecken und davon stürmen, wird es dieses sehr wahrscheinlich nach vorne tun. Ein Griff in die Mähne sorgt dann sehr schnell für die Sicherheit des Reiters. Wenn Sie vorher schon das Anhalten und Rückwärtsrichten bei den vorhergehenden Hindernissen gut geübt haben, sollte es hier keine Schwierigkeiten geben.

Die Gasse ist als einfache Variante oder auch als Variante, die um die Kurve geht, zu bauen. Hier ist es sehr wichtig, dass es keine störenden Zügel gibt, da diese sonst am Hindernis hängenbleiben können. Die Gerte ist hier nicht mehr unbedingt erforderlich, da das Hindernis die seitliche Begrenzung und somit die Richtung vorgibt.

Bei der Eckgasse zeigt es sich, ob die erste Übung am Slalom erfolgreich war: Über die eigene Körperdrehung sollte das Pferd in die Kurven gelenkt werden. Dies ist hier sehr wichtig, denn ohne die Lenkung kann das Pferd leicht mit der Hinterhand im Hindernis feststecken bleiben und dann eventuell in Panik einen Satz nach vorne machen. Dieses Hindernis sollte auch erst dann angegangen werden, wenn die gerade Gasse ohne Probleme bewältigt wurde. Der Abstand der Gasse ist dann wieder individuell unterschiedlich. Anfangs sollten mindestens 2 Meter zwischen beiden Seiten eingehalten werden, damit das Pferd notfalls fast ohne Wendung in die Gasse hinein- bzw. aus der Gasse herauskommen kann.

Wer dann so weit ist, dass das Hindernis auch mit enger gestellten Wänden super gemeistert wird, der kann auch hier wieder entweder die Gangart oder die Richtung, sprich rückwärts, in Angriff nehmen.

Der nächste Trainingsschritt

Wie geht es weiter? Sobald die Hindernisse mit seitlicher Begrenzung abgearbeitet wurden und sich relativ problemlos reiten lassen, kann man den Schwierigkeitsgrad erhöhen. Die erste Möglichkeit wäre jetzt, das Pferd über einen Steg zu schicken. Der Catwalk, ein mindestens 50 cm hoher Steg, ist eher weniger geeignet: die Verletzungsgefahr für Mensch und Pferd stellt ein zu großes Risiko dar, falls das Pferd nicht genau auf dem Catwalk entlang läuft, sondern die Tendenz zeigt, daneben zu treten. Gegen den einfachen Steg lässt sich jedoch nichts einwenden.

Auch hier gilt, ähnlich wie schon bei der Planengasse, dass das Pferd gerade über den Steg laufen muss. Ein seitliches Wegtreten kann zu unschönen Verletzungen der Pferdebeine führen. Weniger ist hier vielfach mehr. Am Anfang reicht der eine Teil des Steges vollkommen aus. Sobald das Pferd willig und ohne Zögern gerade über den Steg läuft, kann man beide Stegteile hintereinander legen. Die eigene Sitzposition ist hier von entscheidender Bedeutung. Schon die kleinste Ungenauigkeit des Reiters führt unweigerlich zum „Danebentreten" des Pferdes.

Wem es aufgrund des Verletzungsrisikos noch zu unsicher ist, kann sich auch mit einer Matte behelfen. Diese stammt aus der Kinderabteilung eines Kaufhauses. Es geht auch jede andere Matte, wie sie z. B. auch für Yoga angeboten wird, jedoch ist diese dann normalerweise teurer. Wie man auf dem linken Foto sehen kann, war der Stopp etwas zu spät. Die Vorhand von Ronja ist bereits wieder von der Matte herunter. Auch läuft Ronja hier noch nicht komplett gerade über die Matte. Auf dem rechten

Foto hatte ich sie dann schon wieder rückwärts gerichtet. Da sie die Füße nicht wirklich gehoben hat, ist die Matte zusammengeklappt. Wir haben dieses Hindernis noch ein wenig geübt, bevor ich mit dem Ergebnis zufrieden war. Hier zeigt es sich, dass ein gewisses Training dazugehört, damit ein Pferd unterschiedliche Untergründe ohne Schwierigkeiten meistern kann und nicht gleich in Panik gerät. Das sind alles wichtige Voraussetzungen für diese Art des Trainings.

Sobald es auf der Matte sauber und geradeaus geht, steht dem Steg nichts mehr im Wege. Die Höhe ist vergleichbar mit der Matte, nur dass der Untergrund nicht nachgibt. Sollte der Steg dem Wetter ausgesetzt sein, ist die Rutschfestigkeit zu überprüfen, bevor man mit dem Pferd über den Steg läuft. Sind alle Voraussetzungen erfüllt, stehen der Fantasie wieder Tür und Tor offen. Ob man das Hindernis im Trab oder rückwärts nimmt, ist nicht wichtig. Man sollte nur darauf achten, dass man es gerade anreitet, damit das Pferd nicht seitlich herunter tritt.

Der Halbreifen

Nun ist es an der Zeit, auch die obere Begrenzung hinzuzufügen. Wir erinnern uns, dass wir einen Teil dieses Parcours auch als Vorübungen für das Verladen betrachten können. Unsere Pferde transportieren wir zumindest hierzulande in einem geschlossenen Wagen.

Die obere Begrenzung lässt sich am einfachsten durch einen Halbreifen realisieren. Die Höhe wird am Anfang so eingestellt, dass der Mensch aufrecht sitzend durch den Halbreifen gelangen kann. Soll unter dem Halbreifen angehalten werden, bieten sich mehrere Möglichkeiten: Entweder bleibt der Mensch noch hinter dem Halbreifen zurück oder beide sind schon durch und nur die Hinterhand des Pferdes ist noch unter dem Halbreifen. Bitte hier unbedingt darauf achten, dass man nach dem Hindernis mindestens eine, besser zwei Pferdelängen weiterreitet, um ein Umfallen des Hindernisses zu vermeiden.

Anja zeigt hier sehr schön mit Morina, dass die eigene Körperhaltung ausschlaggebend ist. Da sie sich bückt, nimmt auch Morina den Kopf runter und ist somit in der Lage, durch den Halbreifen zu laufen.

Ist die Grundarbeit mit dem Hindernis getan, kann das Ganze gesteigert werden. Am besten lässt es sich damit anfangen, dass man den Halbreifen tiefer einstellt. Hier ist großes Vertrauen in das Pferd die beste Voraussetzung. Ist der Halbreifen zu tief eingestellt, kann man ihn selber nicht mehr sehen, wenn man unter ihm hindurch reitet, da man mit dem eigenen Kopf seitlich am Pferdehals platziert ist. Nach all den Vorübungen sollte dies kein Problem darstellen. Das Pferd hat mittlerweile gelernt, geradeaus zu gehen. Wir selber haben gelernt, gerade auf dem Pferd zu sitzen und es mit unserer Körperdrehung zu lenken. Müssen wir uns unter dem Halbreifen nun so bücken, dass wir den Halbreifen selbst nicht mehr sehen, besteht unsere Aufgabe darin, das Pferd weiterhin geradeaus treten zu lassen.

Auch dieses Hindernis lässt sich rückwärts durchreiten. Schon am Boden war es die Aufgabe des Menschen, das Pferd durch die Beugung des Oberkörpers auf die obere Begrenzung hinzuweisen. Hat das Pferd vom Boden aus willig mitgemacht und selbst im Rückwärts den Kopf entsprechend unserer Vorgabe gesenkt, dann gilt es, vom Pferderücken aus genau das Gleiche zu tun. Indem man sich mit dem Oberkörper auf den Hals des Pferdes legt und sich möglichst noch seitlich neben dran positioniert, kann man das Pferd auch rückwärts durch den Halbreifen dirigieren.

Ronja ist im nächsten Schritt meiner Körperhaltung gefolgt und hat den Kopf herunter genommen, so dass sie rückwärts durch den Halbreifen gehen konnte.

Auch dieses Hindernis lässt sich im Trab bewältigen. Für die Galopparbeit ist es nicht geeignet, da der Galoppsprung nicht so abgepasst werden kann, dass man nicht am Hindernis hängenbleibt. Im Trab ist es nur eine Frage der Aufmerksamkeit und des Vertrauens in das Pferd. Sind wir selber unsicher, wird es kurz vor dem Hindernis entweder in den Schritt fallen oder dem Hindernis ausweichen.

An meiner Haltung lässt sich hier erkennen, dass es mir nicht möglich ist, das Hindernis zu sehen. Ich vertraue hier vollkommen auf mein Pferd, dass es nicht plötzlich stehen bleibt.

Kombinieren lässt sich dieses Hindernis mit dem Steg. Der Halbreifen wird über den Steg platziert. Damit haben wir dann die Kombination der oberen Begrenzung einschließlich eines anderen Untergrundes. Geht das Pferd bei beiden Hindernissen sauber geradeaus und hat auch sonst kein Problem mit den beiden Hindernissen, steht der Kombination nichts im Wege.

Nudelgasse liegend/stehend

Die Nudelgasse ist mehr ein Element aus dem Anti-Schrecktraining. Sie lässt sich jedoch auch wunderbar für das Freestyle nutzen. Angefangen wird mit der liegenden Gasse. Die Schwimmnudeln werden so angebracht, dass das Pferd mit ihnen im ersten Schritt nicht in Berührung kommt. Im zweiten Schritt können dann die Nudeln ein wenig umgebogen werden, so dass sie sich halbwegs berühren. Im letzten Schritt kann dann die stehende Nudelgasse verwendet werden. Auch die stehende Variante wird im ersten Schritt so aufgebaut, dass zwischen den Schwimmnudeln eine Lücke besteht. Im zweiten Schritt wird diese Lücke dann geschlossen. Manche Pferde neigen bei der stehenden Gasse dazu, über die Nudeln zu springen. Als Sprung im Freestyle eignet sich das Hindernis jedoch nicht. Somit wäre hier vom Boden aus zu klären, dass das Pferd ruhig und ohne Angst durch die Gasse läuft, bevor das Ganze vom Pferderücken aus umgesetzt wird.

Gerade die liegende Gasse kann auch in schnelleren Gangarten bewältigt werden. Rückwärts, stehen bleiben, alle die schon oben beschriebenen Varianten sind möglich. Bei der stehenden ist nur der Schritt eine wirklich sichere Variante, da das Pferd nicht springen soll und das Hindernis rückwärts – wenn überhaupt – umreißt.

Die Wippe

Die Wippe hat im Horse Agility eine andere Aufgabe als sie es gemeinhin hat. Hier geht es nicht darum, dass das Pferd einfach über die Wippe läuft, sondern dass es möglichst auch selbständig wippt und dies nur über die Verlagerung des Körpergewichts und nicht durch das Umsetzen der Hufe.

Unter dem Reiter ist dies schon etwas schwieriger. Die Vorübungen sind erfüllt, wenn sowohl die Stangengasse als auch der Steg erarbeitet wurden. Im ersten Schritt kann das Rundholz, welches das Kippen bewirkt, rausgenommen werden, so dass das Pferd sich erst mal an diesen Untergrund gewöhnen kann.
Mit unterschiedlich dicken Rundhölzern lässt sich die Wippe dann auch von Mal zu Mal in der Höhe steigern. Auch hier hilft wieder die eigene Körpersprache. Indem der Oberkörper nach vorne unten bewegt wird, wird das Pferd dazu animiert, sein Gewicht ebenfalls über den Kopf/Hals nach vorne unten zu verlagern. Indem man selber seinen Oberkörper wieder nach oben und hinten bewegt, geschieht die Gewichtsverlagerung wieder nach hinten und somit beim Pferd auf die Hinterhand.

Hat das Pferd diese Übung vom Boden aus verstanden, wird das Hindernis vom Pferderücken aus angegangen. Die ersten Schritte bestehen darin, das Pferd auf der Wippe anhalten zu können, und zwar sowohl bevor die Kippbewegung ausgelöst wurde, als auch danach. Ist dies soweit erarbeitet, kommt der nächste Schritt, bei dem man genauso wie am Boden seinen Oberkörper bewegt und somit mit Hilfe des Pferdes die Wippe zum Kippen bringt. Dies erfordert höchste Konzentration und Aufmerksamkeit von beiden Teilnehmern.

Der Tunnel

Der nächste logische Schritt besteht im Durchgang des Tunnels. Im Liberty hat das Pferd gelernt, den Tunnel ohne seinen Menschen zu durchqueren. Somit vertraut das Pferd auf die Stimme des Menschen. Für den Freestyle-Parcours ist dieses Vertrauen schon durch den Umstand gegeben, dass der Reiter in einer Position sitzt, in der er vom Pferd nur bedingt gesehen werden kann.

Sind die vorherigen Übungen gut gelaufen, dann sollte auch der Tunnel kein großes Problem mehr darstellen. Von seiner Höhe ist er auch für den Menschen nicht weiter schwierig. Ob Schritt, Trab oder Galopp ist hier jedem selbst überlassen. Für Pferde, die noch etwas unsicher sind, sollte man anfangs die Decke vom Tunnel entfernen. Ist das Mensch-Pferd-Paar dann sicher, steht der eigentlichen Durchquerung des Tunnels nichts mehr im Wege.

Ronja ist hier aufmerksam bei der Sache und hält die Verbindung zu mir aufrecht. Sie läuft ohne zu zögern durch den Tunnel.

Das Element lässt sich steigern, indem der Tunnel erweitert wird und z. B. um die Ecke führt. Für den Freestyle ist es allerdings kein Unterschied, da der Mensch ja beim Pferd bleibt. Ich habe eine andere Variante gewählt, weil ich ganz gerne rückwärtsgehe. Warum also nicht mal rückwärts auf dem Pferd sitzen? Bitte nur dann nachmachen, wenn das Pferd damit vertraut ist. Ein wirkliches Lenken ist nicht mehr möglich. Zum einen sieht man nicht mehr, wohin das Pferd läuft und zum anderen wären alle Bewegungen/Drehungen spiegelverkehrt durchzuführen, woran es meistens scheitert.

Im Galopp erfordert der Tunnel etwas mehr Geschick. Der Galopp ist neben der Vorwärtsbewegung auch eine Bewegung nach oben („Bergauf-Galoppade"). Somit ist darauf zu achten, dass man nicht selber mit dem Kopf an die Tunneldecke stößt. Um dies zu vermeiden, kann man den Oberkörper direkt über dem Pferdehals halten, dann ist die Gefahr des Anstoßens gering.

Der Cube

Auch der Cube wird erst vom Boden aus erarbeitet. Kennt das Pferd schon Flattervorhänge, dann sollte es auch mit den aufgehängten Bällen und Schwimmnudeln kein Problem haben. Entscheidend kann hier sein, von welcher Seite man das Hindernis zuerst angeht. Wie bereits erwähnt, sieht das Pferd im rechten Auge etwas anderes als im linken. Somit kann es durchaus sein, dass es ein Hindernis von der einen Seite problemlos bewältigt, von der anderen jedoch ein Problem damit hat.

In diesem Fall wurden nur zwei Seiten des Cubes behängt. Es wäre auch denkbar, alle vier Seiten zu behängen. Auch Flatterbänder wären denkbar. Ist er nur von zwei Seiten behängt, kann das Pferd auch erstmal nur durch den Cube gehen, ohne zusätzlich noch durch die Bälle oder Schwimmnudeln laufen zu müssen. Meist haben die Pferde kein Problem, ihren Kopf durchzustecken, jedoch ist es schon schwieriger, die Hinterhand auch noch mit diesen „Teilen" in Berührung zu bringen.

Mit diesen hier beschriebenen Elementen steht einem Verladen jetzt auch nichts mehr im Wege. Das Pferd kennt den unterschiedlichen Boden, die seitliche und obere Begrenzung. Als Variante auch durchaus einzubauen, indem man vor dem Anhänger den Halbreifen aufbaut. Kreativität ist gefragt. Die Sicherheit von Pferd und Reiter geht allerdings vor. Es geht nicht darum, etwas besser und spektakulärer als andere zu machen, sondern mit Sinn, Verstand und Spaß neue Dinge auszuprobieren. Lassen Sie Ihrer Fantasie freien Lauf, haben Sie nur bitte immer die Sicherheit aller Beteiligten im Vordergrund.

Die Sprünge

Von Ihnen vermutlich schon sehnsüchtig erwartet ist die Frage: Gehen auch Sprünge? Die Antwort ist ein eindeutiges „Ja". Nur an dieser Stelle noch einmal der Hinweis: Bitte nicht mit Zügeln reiten! Die Gefahr, dass Sie am Hindernis hängen bleiben ist einfach viel zu groß als dass man das Risiko eingehen sollte. Sind die ganzen Vorübungen erfolgreich absolviert, sollte es auch für die Sprünge kein Thema mehr sein, diese ohne Zügel und am besten so wie vorher schon beschrieben im Freestyle zu absolvieren. Sollten Sie nicht springen können und auch Ihr Pferd keine Ahnung vom richtigen Absprung haben, dann sollte man diese Hindernisse tunlichst vermeiden. Gesundheitlich müssen Reiter und Pferd fit und das Springen möglich sein. Ansonsten sollte man sich schon die Frage stellen, ob das Pferd überhaupt geritten werden kann oder es doch besser bei der Liberty-Variante bleiben sollte.

Der Steilsprung

Schon bei dem einfachen Sprung, wenn man ihn vom Boden aus absolviert, ist die Länge der Sprungstangen von 1,5 m eine echte Herausforderung. Der Sprung selber stammt, wie oben beschrieben, aus dem Bereich der Kindersprünge. Er ist bis zu 90 cm höhenverstellbar. Dies ist an sich keine allzu große Höhe, jedoch diese frei mit dem Pferd zu springen ist nicht ganz so einfach. Auch hier ist wieder eine gute Vorbereitung am Boden die Grundvoraussetzung für ein Gelingen. Das Pferd sollte an das Hindernis vertrauensvoll herangeführt werden und es Liberty springen können, bevor man das Ganze vom Pferderücken also Freestyle angeht.

Bei Heike und Mino (Traberwallach) kann man sehr schön erkennen, dass selbst eine Stange auf dem Boden nicht sehr vertrauenerweckend ist. Heike fühlt sich nicht wohl bei dem geringen Abstand und Mino überträgt das Gefühl auf das Hindernis, verweigert den Sprung und geht nur zögernd über die Stange. Es geht nicht darum, dass die Pferde jedes Hindernis meistern müssen. Ist man selber unsicher, wird einem das Pferd mit der Unsicherheit folgen und das Hindernis verweigern. Das ist vollkommen okay und sollte auch akzeptiert werden. Es gibt immer wieder Hindernisse, die für die Pferde ein langes Üben als Voraussetzung haben. Genau das ist das Spannende an der Arbeit mit Pferden. Je länger sie mit dem Menschen zusammen sind, desto eher spiegeln sie den Menschen und sagen: „Wenn du das Hindernis als kritisch betrachtest, dann werde ich es auch so sehen, wir sind ein Team." Dass diese beiden noch nicht soweit sind, das Hindernis im Freestyle zu bewältigen, ist eindeutig.

Anja und Morina hingegen zeigen, dass mit vollem Körpereinsatz von beiden ein Sprung möglich ist. Auch wenn Morina hier die Ohren etwas anlegt, ist sie doch voll bei der Sache und achtet auf ihren Menschen.

Lässt sich dieses Hindernis in der Form vom Boden aus bewältigen, dann geht es an die Arbeit des Freestyle. Im ersten Schritt wird die Stange nur auf den Boden gelegt und das Pferd im Schritt über die Stange geritten. Klappt das soweit ganz gut, dann kann man im nächsten Schritt die Gangart erhöhen. Es gibt Pferde, denen der Absprung leichter fällt, wenn sie im Trab an das Hindernis geführt werden und erst über dem Hindernis selbst in den Galopp wechseln. Da das Hindernis ganz niedrig eingestellt werden kann, ist ein Galoppsprung nicht unbedingt nötig. Man sollte jedoch darauf vorbereitet sein. Auch wenn für uns das Hindernis eventuell sehr niedrig aussieht, kann es durchaus passieren, dass die Pferde es falsch einschätzen und einen Riesensatz darüber machen. Solange die Stange noch auf dem Boden liegt, ist dies meist nicht der Fall.

Ronja trabt hier noch über das Hindernis, weil es für sie noch nicht hoch genug zum wirklichen Springen ist. Mir kann man jedoch ansehen, dass ich eher mit dem Galoppsprung gerechnet habe. Dementsprechend ist meine Körperhaltung nicht sehr vertrauensvoll. Ich schwebe eher über dem Pferderücken, als dass ich wirklich sitze.

Ob man eine Absprungstange verwendet und ob man sie vor oder hinter das Hindernis legt, hängt mit sehr vielen Faktoren zusammen. Liegt sie hinter dem Hindernis, kann sie nicht zwischen die Pferdebeine geraten. Liegt sie davor, kann das Pferd schon darüber stolpern. Manche Pferde brauchen die Absprungstange, manche brauchen sie nicht. Wichtig ist in jedem Fall die Sicherheit. Wie es am besten funktioniert, hat man idealerweise schon am Boden feststellen können und setzt dies dann vom Pferderücken aus fort.

Natürlich lässt sich dieses Hindernis auch anders gestalten. Im Internet findet man einiges an Vorschlägen. Ich verlasse mich hier jedoch mehr auf mein eigenes Auge und meinen eigenen Verstand, als dass ich auf hauptsächlich Spektakuläres aus wäre.

Der Reifensprung

Ist der Sprung über den kleinen Steilsprung kein Problem mehr, kann man sich an den Reifensprung wagen. Hier sind dann alle Elemente des Horse Agility vereint: Begrenzung unten, oben und seitlich. Auch dieses Hindernis lässt sich am Anfang so gestalten, dass es dem Halbreifen ähnlich sieht. Damit gewöhnt man das Pferd generell an dieses Hindernis. Im zweiten Schritt lässt man den unteren Halbreifen auf dem Boden liegen. Hat man für die Liberty-Variante einen Helfer dabei, kann er den unteren Reifen festhalten und gegebenenfalls nach unten führen, sollten die Pferdebeine nicht hoch genug genommen werden und somit an dem Halbreifen hängenbleiben. Da der Halbreifen nur mit einem Kabelbinder über die Löcher im Drainagerohr befestigt ist, reißt der Kabelbinder auch leicht aus, so dass das Hindernis dann zwar umfällt, jedoch keine weiteren Verletzungen auslöst.

Hier die Varianten mit und ohne Helfer.

Viele Pferde haben besonders viel Spaß an diesem Hindernis. Sie sind nach dem Hindernis so aufgedreht, dass sie eher buckelnd davon stürmen wollen als anzuhalten. Erst wenn das Pferd ca. 2 Pferdelängen nach dem Hindernis auf Kommando stehenbleibt, kann man es im Freestyle angehen. Die Vorgehensweise ist die gleiche wie auch beim Steilsprung: In kleinen Schritten. Erst im Schritt und wenn es gut geht, dann als Sprung. Je nach Können des Mensch-Pferd-Paares ist es im Trab oder auch im Galopp möglich.

Ronja springt freudig und zur richtigen Zeit ab. Ich liege auf dem Hals, um ihren Sprung nicht zu behindern. So sieht es aus, wenn die Freude an den Hindernissen im Vordergrund steht.

In diesem Sinne wünsche ich Ihnen viel Spaß beim Horse Agility, egal ob im Liberty oder Freestyle. Genießen Sie diese neue Art der Beschäftigung und machen Sie keinen Wettbewerb daraus. Es soll Spaß machen und zur gegenseitigen Vertiefung der Partnerschaft beitragen.

Viel Erfolg. Ihre Iris Malzkorn + Ronja

Anhang

Danksagung

Mein Dank gilt meiner Haflingermix-Stute Ronja. Ohne sie als ganz besondere Lehrmeisterin hätte ich nicht diese tiefe innige Bindung zu Pferden aufbauen können. Sie hat mir mehr als einmal gezeigt, dass es egal ist, was es in Büchern zu lesen, in Videos zu betrachten oder von Lehrern zu lernen gibt. Das Wichtigste ist das, was das Pferd mir anbieten kann. In mehr als einer Hinsicht musste ich einen völlig anderen Weg einschlagen, um mein Ziel zu erreichen. Allein die Bilder hier im Buch haben eine eigene Geschichte. Ronja ist diesen Parcours an dem Tag, an dem die Fotos entstanden sind, zum ersten Mal mit mir als Reiter gelaufen. Vorher ist sie ihn nur zwei Mal an anderen Tagen am Boden gelaufen. Nach dieser langen Zeit, die wir mittlerweile miteinander verbringen (17 Jahre), sind wir zu einem Team geworden und können beide davon profitieren. DANKE Ronja, dass du mein Leben bereicherst. Und ja, du darfst jetzt in Rente gehen und deinen Lebensabend ohne neue Herausforderungen genießen.

Verlagsinformation

Wir bieten neben bekannten und prominenten Autoren auch für noch unbekannte Erst-Autoren die ideale Plattform für Buchveröffentlichungen. Thematisch setzt sich der Verlag kaum Grenzen. Es werden sowohl von bekannten als auch unbekannten Autoren Bücher verschiedenster Themen veröffentlicht. Damit trägt der Verlag zu einer Bereicherung auf dem Literaturmarkt bei, kann so ein breites lesebegeistertes Publikum ansprechen und gibt damit den Autoren eine optimale und wirtschaftliche Lösung zur Veröffentlichung ihrer Buchmanuskripte. Ein Vorteil für die Buchautoren besteht unter anderem darin, dass Bücher, je nach Auflagenhöhe, im Verfahren „Books on Demand" (Digitaldruck) oder – bei höheren Auflagen – im Offsetdruck hergestellt und veröffentlicht werden können.

www.JoyEdition.de

Joy Edition · H. Harfensteller
Gottlob-Armbrust-Str. 7 · D-71296 Heimsheim
Telefon 07033 306265 oder 306263
Fax 07033 3827 · Hotline 0171 3619286
info@joyedition.de